实用细胞生物学实验指导

主 编 苏 莉 李奇志 周爱文 王 珍

华中科技大学出版社

中国·武汉

图书在版编目(CIP)数据

实用细胞生物学实验指导/苏莉等主编.—武汉:华中科技大学出版社,2014.12
ISBN 978-7-5609-9713-1

Ⅰ.①实… Ⅱ.①苏… Ⅲ.①细胞生物学-实验-高等学校-教学参考资料 Ⅳ.①Q2-33

中国版本图书馆 CIP 数据核字(2014)第 289813 号

实用细胞生物学实验指导 苏　莉　李奇志　周爱文　王　珍　主编

策划编辑:罗　伟
责任编辑:史燕丽
封面设计:范翠璇
责任校对:刘　竣
责任监印:周治超
出版发行:华中科技大学出版社(中国·武汉)
　　　　　武昌喻家山　　邮编:430074　　电话:(027)81321913
录　　排:华中科技大学惠友文印中心
印　　刷:武汉鑫昶文化有限公司
开　　本:787mm×1092mm　1/16
印　　张:7
字　　数:120 千字
版　　次:2017 年 2 月第 1 版第 2 次印刷
定　　价:19.80 元

课程基本信息

1. 概述

随着医学和生命科学的迅猛发展,细胞生物学在理论和技术上都有了飞速的进步,对医学、生物学的影响也越来越深入,已成为现代医学和生物学中不可缺少而且是发展最迅速的学科。细胞生物学、医学细胞生物学课程,包括理论课和实验课两个部分,是生物科学、生物技术、生物医学工程以及临床医学、预防医学、药理、法医等各专业的基础课程。

细胞生物学也是一门重要的应用学科,现代生物技术、现代医学实践中的许多方面都以细胞为基本平台。在实验教学中,主要向学生介绍细胞的基本形态观察和显微测量、亚细胞结构观察、细胞表面和细胞内分子检测、细胞功能检测等细胞基本结构观察和功能分析方法,使其熟练掌握显微镜的实用技术、细胞培养、细胞组分的分离与鉴定、细胞融合、细胞化学成分分析等常用的细胞生物学实验技能。

2. 教学目标

实验课是整个细胞生物学教学中一个重要组成部分。通过实验课能加深学生对理论知识的理解和认识,并通过对细胞生命现象的观察和亲手操作,使学生获得有关细胞生命活动的感性知识,有效地提高理论课的教学效果,并培养学生树立独立设计实验的思考观念和独立处理问题、解决问题的能力。学生应达到的实验能力与标准是学会光学显微镜的使用,加深理解细胞的化学成分、结构与功能的关系,加深对细胞的增殖等行为的理解,基本掌握染色体的制备技术和核型分析,等等。

3. 教学策略

教师实验教学策略重在能力的培养,既要培养学生的实验技能,又要促进其实践能力的提高,关键在于培养学生的主动性和独立性,引导学生在学习过程中养成善于观察、思考、提出问题、分析问题、解决问题的习惯。培养学生学会如何运用所学知识和技术更好地为今后的临床工作服务,即培养学生"学以致用"的指导思想。

4. 评价方法

根据学生的实验预习、实验纪律、实验动手能力及实验报告结果进行综合评定,给出具体分数。

目 录

第1章　光学显微镜的构造和使用

实验一　光学显微镜的构造和使用

一、实验原理

光学显微镜,简称光镜(optical microscope or light microscope),是1590 年由荷兰的 Jansen 父子发明的。到 17 世纪中叶,英国的罗伯特·胡克和荷兰的列文·虎克在目镜、物镜组成的放大系统中加入了光照明系统以及焦距调节系统、载物台等机械系统,从而构成了使用至今的光学显微镜的基本组成部分。光学显微镜可把物体放大 1500 倍,分辨率的最小极限为 $0.2~\mu m$。其中,普通光学显微镜主要用于观察生物组织与细胞的显微结构、形态和生长状态,是生物医学研究及临床工作中常用的仪器,熟练操作光学显微镜是细胞生物学实验的基本技术之一。

二、实验目的

(1)学习普通台式光学显微镜的结构、各部分的功能和使用方法。

(2)学习并掌握油镜的原理和使用方法。

(3)了解几种特殊光学显微镜的工作原理及其使用方法。

三、实验设备、材料与试剂

1. 设备

光学显微镜。

2. 材料与试剂

香柏油、二甲苯。

四、实验方法

1. 流程图

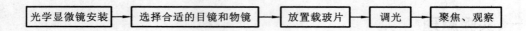

光学显微镜安装 → 选择合适的目镜和物镜 → 放置载玻片 → 调光 → 聚焦、观察

2. 内容

1）光学显微镜的基本结构及其功能

光学显微镜的构造主要分为三部分：机械部分、照明部分和光学部分（图 1-1）。

（1）机械部分。

①镜座：亦称镜脚，是显微镜的基座，用以支持整个光学显微镜。

②镜柱：镜座向上直立的短柱，用以支持其他部分。

③镜臂：镜柱向上弯曲的部分，适于手握。有些显微镜镜柱与镜臂之间有倾斜关节。

④镜筒：连在镜臂前方的镜筒部分，一般长度为 16 cm。有直筒和斜筒两种，前者镜筒上下可调节，后者镜筒是固定的。

⑤调节器：调节器是装在镜臂上的大、小两种螺旋，转动时可使镜台升降或使镜筒上下移动以调节焦距。

粗调节器（粗螺旋）转动时可使镜台或镜筒在垂直方向以较快速度和较大距离进行上下升降，调节物镜与标本的距离。通常在低倍镜下，先用粗调节器找到物像。

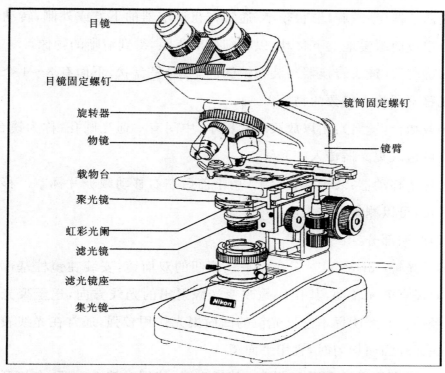

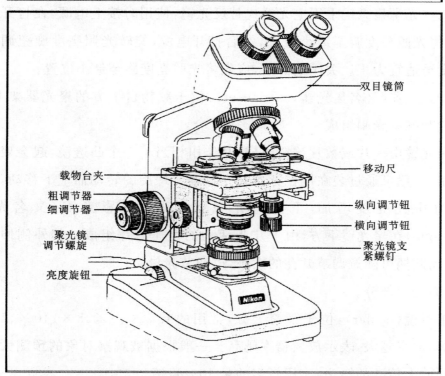

图 1-1　光学显微镜的基本结构

细调节器(细螺旋)形状较小,通常在粗调节器的下方或外侧,转动时可使镜台或镜筒缓慢地上下移动,以精细调节焦距,得到清晰的物像。

⑥旋转器(镜头转换器):装在镜筒的下端,呈盘状,下面有 3～4 个物镜孔供装置不同放大倍数的物镜。

⑦载物台(镜台):用以放载玻片标本,中间有一通光圆孔,称为镜台孔,由此孔可透入集光器传入的光线。

⑧标本移动器:装于载物台上,用于前后左右移动载玻片标本。移动器上有标尺,可以测定标本大小。

(2)照明部分。

①反光镜(mirror):一个一面平一面凹的双面镜,安装在镜柱基部的前方,可向任意方向转动,其作用是改变光源射出的光线方向,送至聚光镜中心,再经镜台孔照明标本。反光镜的凹面聚光作用较强,通常在光线较弱时使用;在光线强而均匀时,宜用平面镜。

有些光学显微镜采用电光源代替反光镜,使用时接上电源,在打开电源前,先将光照亮度旋至最小位置,然后打开电源,旋转光照亮度旋钮调节光照亮度至适宜为止。关闭电源前,应先将光照亮度旋至最小位置。

②聚光器(又名集光器,condenser):位于载物台下方的聚光器架上,由聚光镜和虹彩光阑组成。

聚光镜由一片或数片透镜组成,其作用相当于一个凸透镜,起会聚光线的作用,一般可通过装在镜柱旁的聚光器调节螺旋的转动而上下移动,上升时视野中光亮度增加,下降时光亮度变弱。虹彩光阑(又名光圈,diaphragm)在聚光镜下方,由十几张活动的金属薄片组成。其外侧伸出一柄,推动此柄可随意调节开孔的大小,以调节光量。

(3)光学部分。

①目镜(ocular):位于镜筒上方,常用的有 5×、6×、8×、10×、12×、15×等,数字越大,表示放大倍率越高。一般根据被观察对象的预测大小挑选不同放大倍数的镜头,实用较多的是 10×目镜。

②物镜(objective):装在镜筒下端的旋转器上,一般有 3～4 个物镜。其

中最短的刻有"4×"或"10×"符号的为低倍镜,较长的刻有"40×"符号的为高倍镜;最长的刻有"100×"符号的为油镜。

在物镜上,还有镜口率(NA)的标志。镜口率反映该镜头分辨能力的高低,其数字越大,表示分辨能力越高。物镜的工作距离是指显微镜处于工作状态(物像调节清楚)时,物镜的下表面与盖玻片上表面之间的距离(盖玻片的厚度一般为 0.17 mm)。物镜的放大倍数越大,它的工作距离越小。光学显微镜的放大倍数是物镜的放大倍数与目镜的放大倍数的乘积,例如物镜为 10×,目镜为 10×,其放大倍数就为 100×。

2)光学显微镜的使用方法

(1)低倍镜的使用方法。

①检查:用右手握镜臂,从镜箱中将光学显微镜取出,左手托住镜座,平稳地放到实验桌上。使用前应先检查一下光学显微镜各部分结构是否完整,如果发现有缺损或性能不良,要立即报告教师,请求处理。

②准备:将光学显微镜放于自己座位面前实验桌稍偏左侧处,镜台向前,镜筒向后,旋转粗调节器使镜台远离物镜,调节旋转器,使低倍镜对准镜台孔,这时可听到旋转器旁边固定扣轻轻碰触而发出的声音,或手上感到一种阻力,说明物镜的光轴已正对镜筒的中心。

③对光:打开光圈,将聚光器上升。双眼同时张开,以左眼向目镜内观察(如为双筒显微镜,用双眼观察,下同),调节反光镜的方向,使光线射入镜筒中,直到有明亮而均匀的视野;或打开电源,调节光照亮度旋钮,直到光照亮度最适宜为止。

④置片和调整焦距:将载玻片标本置于镜台上,注意使有盖玻片的一面朝上,利用标本移动器将玻片夹住,然后将载玻片稍加调节,使标本对准镜台孔。从侧面注视低倍镜,转动粗调节器,使镜台慢慢上升,至物镜距标本半厘米处为止,再以左眼自目镜中观察,左手转动粗调节器使镜台徐徐下降,直到视野中出现标本的物像为止;最后,转动细调节器,使镜台微微上下,调节距离,使物像清晰。

（2）高倍镜的使用方法。

①依上法先用低倍镜找到物像后，将标本欲观察部分移到视野中央。

②眼睛从侧面注视物镜，用手转动旋转器，使高倍物镜对准标本（如果操作正确，此时物镜与标本之间距离正好，不会碰到）。

③眼睛从目镜观测，同时只需轻轻转动细调节器使镜台微微升降，即可得到清晰的物像。

（3）油镜的使用方法。

①同高倍镜的使用方法。

②在载玻片标本上需要观察的部分加少许香柏油，然后转动旋转器，使油镜对准标本。调节油镜使其前端浸在香柏油内，从目镜观察，同时转动细调节器，至视野出现清晰物像。油镜的放大倍数大，故观察时要用较强的光线。

③观察以后，旋转粗调节器使镜台下降（镜筒上升），用擦镜纸将镜头和载玻片标本上的香柏油擦去，可蘸少许二甲苯，但不能用力擦，以免损坏镜头和标本。使用油镜观察水分较多的临时制片时，应事先吸尽水分。

3. 注意事项

（1）取光学显微镜时必须右手握镜臂，左手托镜座，平贴胸前。切勿一手斜提，前后摇摆，以防碰撞和零件跌落。

（2）擦拭光学显微镜的光学玻璃部分，必须使用擦镜纸，切忌用其他硬质纸张或布等擦拭，以免造成镜面划痕。

（3）切忌用水、乙醇或其他药品浸润镜台或镜头。一旦沾染应立即进行处理，以免污染或腐蚀镜头。

（4）放置载玻片标本时，应将有盖玻片的一面向上，否则会压坏标本和物镜。

（5）观察时应两眼同时张开，用左眼观察，用右眼注视绘图。左手调节粗、细调节器，右手调节标本移动器和绘图。实验完毕后，将光学显微镜擦拭干净。物镜不要与镜台相对，关闭光圈，适当下降聚光器，将反光镜直立，放回原处。

五、实验结果

1. 原始记录

2. 草图

六、实验报告（请完成后剪下并提交教师）

实验报告一　光学显微镜的构造和使用

姓名：＿＿＿＿＿＿＿　　　日期：＿＿＿＿＿＿

专业班级：＿＿＿＿＿　　　老师：＿＿＿＿＿

1. 实验目的

2. 实验设备、材料与试剂

3. 实验内容

（1）光学显微镜的基本构造是怎样的？

（2）光学显微镜的基本使用流程是什么？

（3）使用光学显微镜的要点是什么？

（4）如何计算光学显微镜的放大倍数？

4. 讨论与分析

5. 思考题

（1）为什么使用高倍镜和油镜观察时，必须先用低倍镜聚焦对象后再转用高倍镜观察？

（2）如果载玻片标本放反了，用高倍镜或油镜能找到标本吗？为什么？

第2章 细胞的基本形态观察和显微测量

实验二　细胞的基本形态观察和显微测量

一、实验原理

1. 细胞的基本形态观察

细胞的形态结构与功能相关是很多细胞的共同点,分化程度较高的细胞更为明显,这种合理性是生物在漫长进化过程中所形成的。例如:具有收缩机能的肌细胞伸展为细长形;具有感受刺激和传导冲动机能的神经细胞有长短不一的树枝状突起;游离的血细胞为圆形、椭圆形或圆饼形。

不论细胞的形态如何,细胞的结构一般分为三大部分:细胞膜、细胞质和细胞核。但也有例外,如哺乳类动物红细胞成熟时细胞核消失。

2. 显微测量

显微测微尺分为目镜测微尺和镜台测微尺,二者可配合使用。目镜测微尺是一个放在目镜像平面上的玻璃圆片。圆片中央刻有一条直线,此线被分为若干格,每格代表的长度随不同物镜的放大倍数而异。因此,用前必须先测定放大倍数。镜台测微尺是在一个载片中央封固的尺,长 1 mm(1000 μm),被分为 100 格,每格长度是 10 μm。

二、实验目的

(1)观察几种细胞的形态结构。

（2）学会使用显微测微尺,通过测量对红细胞的进化进行分析。

（3）学习血涂片制备以及瑞氏染色方法。

三、实验设备、材料与试剂

1. 设备

光学显微镜、带目镜测微尺的显微镜、镜台测微尺、永久制片。

2. 材料与试剂

鸡血液、大鼠肝细胞悬液、瑞氏染液、卡诺氏固定液、醋酸洋红染液、蒸馏水、载玻片、盖玻片、吸水纸等。

四、实验方法

1. 流程图

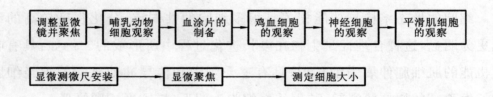

2. 内容

1）细胞的基本形态观察

（1）猪脊髓压片观察脊髓前角运动神经细胞。

在光学显微镜下观察,染色较深的小细胞是神经胶质细胞。染色为蓝紫色的、大的、有多个突起的细胞是脊髓前角运动神经细胞,胞体呈三角形或星形,中央有一个圆形细胞核,内有一个核仁(图 2-1)。

（2）观察平滑肌分离装片。

低倍镜下观察平滑肌分离装片,可见染成紫红色呈纺锤形的肌细胞,细胞核为椭圆形,位于细胞的中央,着色很深,在细胞质中有淡红色的肌原纤维(图 2-2)。

（3）鸡血涂片的制备与观察,如图 2-3 所示。

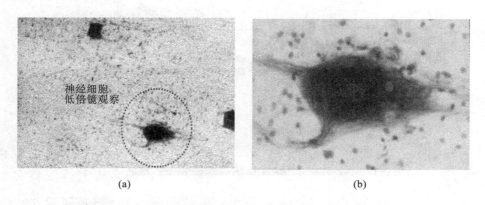

图 2-1　神经细胞显微观察示意图((a)低倍;(b)高倍)

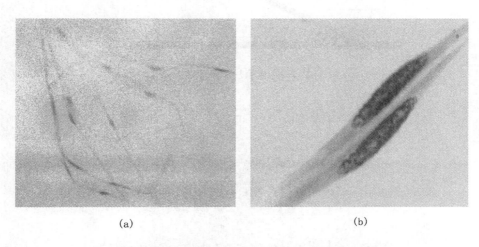

图 2-2　平滑肌细胞显微观察示意图((a)低倍;(b)高倍)

①涂片。取一滴鸡血液,滴在载玻片 1 的一端,取另一载玻片 2,将其一端成 45°角紧贴在血滴的前缘,待血滴沿载玻片 1 的边沿扩展呈线状后,用力均匀向前推载玻片,使血滴在载玻片 1 上形成均匀的薄层,晾干。

②染色。加瑞氏染液 2～3 滴,覆盖整个血膜,染色 0.5～1 min 后,滴加等量或量稍多的蒸馏水,与染料混匀,继续染色 5～10 min;用清水冲去染液,自然干燥或用吸水纸吸干。

③光学显微镜观察和记录结果。光学显微镜下可见:鸡血细胞为椭圆形,有核(图 2-4);白细胞数量少,为圆形。

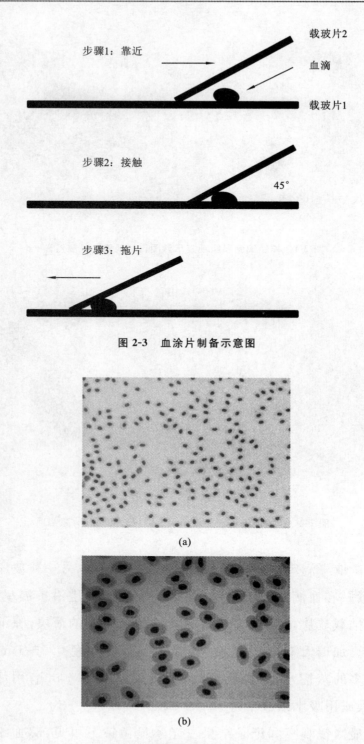

图 2-3　血涂片制备示意图

(a)

(b)

图 2-4　鸡血细胞显微观察示意图((a)低倍;(b)高倍)

2）显微测微尺的使用

（1）显微测微尺由镜台测微尺（台尺）和目镜测微尺（目尺）组成。台尺是一种特制的载玻片，其中央具有精确刻度的标尺，专门用于校正目尺每格长度，标尺全长 1 mm，等分为 10 大格，每大格再等分为 10 小格，每小格长0.01 mm，即 10 pm。亦有全长为 2 mm，共等分为 200 小格，每小格长度不变的台尺。目尺是一个可以放入目镜内的特制圆形玻片，在其中央刻有不同形式的标尺，多为直线式，长 5 mm，等分为 5 大格、50 小格。目尺每格测量的实际长度因不同物镜的放大倍数和不同光学显微镜镜筒长度的差异而有所不同，因此在使用前需用台尺校正。

（2）目尺的校正（标定）。

① 自镜筒中取下一枚目镜，卸下目镜上的透镜，将目尺装入目镜的光阑板上，有刻度的一面朝下，再将目镜上的透镜旋上，并将目镜放回镜筒。

② 将台尺置于载物台上，有刻度的一面朝上。

③ 在低倍镜下将台尺（标尺外围有一小黑环）移至视野中央，然后换测量时所用放大倍数的物镜，调焦，使标尺上的刻度清晰可见。

④ 转动目镜，先使目尺的刻度与台尺的刻度平行，再移动标本移动器，使目尺的零线与台尺某段的刻度线相重合，然后找出两尺的第 2 条重合线（图 2-5），准确读出并记录 2 条重合线之间目尺和台尺各有多少格。

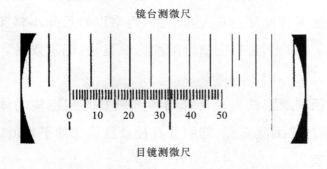

图 2-5　用镜台测微尺校正目镜测微尺

⑤ 计算目尺每小格所测量的镜台上物体的实际长度。

$$目尺每小格实际测量长度(\mu m) = \frac{2\text{条重合线间台尺的格数} \times 10}{2\text{条重合线间目尺的格数}}$$

★如果换用不同倍数的目镜或物镜,此数据能否采用?为什么?

(3)细胞体积、核体积和核质比的计算公式。

椭圆形　$V = \dfrac{4}{3}\pi a b^2$　(a、b 为长、短半径)

圆球形　$V = \dfrac{4}{3}\pi R^3$　(R 为半径)

核质比　$NP = V_n/(V_c - V_n)$(V_n 为核的体积,V_c 为细胞的体积)

3)大鼠肝细胞大小的测定

(1)涂片。

取一滴大鼠肝细胞悬液,滴在载玻片的一端,将另一载玻片的一端成 45°角紧贴在肝细胞悬液滴的前缘,待肝细胞悬液滴沿载玻片的边沿扩展成线状后,均匀用力向前推,使肝细胞悬液在载玻片上形成均匀的薄层,晾干。

(2)染色。

将涂有肝细胞的载玻片浸入卡诺氏固定液中固定 5～10 min 后取出,加 1 滴醋酸洋红染液,盖上盖玻片,置于显微镜下观察,细胞核呈鲜红色,细胞质呈浅红色。

(3)测量。

目尺校正好后,移去台尺,换上已染色的肝细胞涂片,随机挑选 20 个形态较规则的细胞用目尺测量其占几小格,再乘以目尺每小格实际测量长度,即为细胞直径。同法测量相应细胞的细胞核直径,记录数据。

(4)数据处理。

由细胞直径和细胞核直径计算出各细胞及其细胞核的体积,算出各细胞的核质比,并计算细胞直径、细胞核直径及核质比的平均值。

3. 注意事项

计算细胞直径、细胞核直径及核质比的平均值必须是 20 个以上。

五、实验结果

1. 原始记录

2. 草图

六、实验报告（请完成后剪下并提交教师）

实验报告二　细胞的基本形态观察和显微测量

姓名：＿＿＿＿＿＿＿＿＿　　日　期：＿＿＿＿＿＿

专业班级：＿＿＿＿＿＿　　老师：＿＿＿＿＿＿

1. 实验目的

2. 实验设备、材料与试剂

3. 实验内容

4. 讨论与分析

5. 思考题

（1）为什么使用高倍镜或油镜观察时必须遵守先低倍镜观察，再转换用高倍镜或油镜观察的顺序进行？

（2）如果高倍镜下找不到物像，应从哪些方面找原因，如何解决？

（3）分别绘制用 40 倍物镜和油镜观察到的神经细胞、鸡血细胞和平滑肌细胞的形态结构图。

（4）分别求出使用低倍镜（10×）、高倍镜（40×）时目镜测微尺每格代表的长度。

① 低倍镜：目镜测微尺每格代表的长度＝ ＿＿＿＿＿ ×10 $\mu m＝$ ＿＿＿＿＿ μm

② 高倍镜：目镜测微尺每格代表的长度＝ ＿＿＿＿＿ ×40 $\mu m＝$ ＿＿＿＿＿ μm

第3章　亚细胞结构观察

实验三　几种细胞器切片的显微观察

一、实验原理

脊神经节先以硝酸钴固定,再经硝酸银染液浸染制成永久制片。高尔基复合体能与硝酸银作用,并具有还原能力,使硝酸银呈现棕黑色沉淀颜色反应,因而显示高尔基复合体的形态和位置。

动物的肝、肾细胞富含线粒体,以重铬酸钾固定,再经铁苏木精染色,制成永久制片。线粒体有双层膜结构,蛋白质、磷脂含量很高,有大量羧基和磷酸基等阴离子基团,含阳离子的铁苏木精易与其结合,使线粒体产生显示蓝色的反应。

二、实验目的

(1)观察光学显微镜下细胞器的基本形态结构。
(2)认识细胞中高尔基复合体和线粒体的分布。

三、实验设备、材料与试剂

1. 设备
普通光学显微镜(或相差显微镜)。

2. 材料与试剂

永久制片、香柏油、二甲苯等。

四、实验方法

1. 流程图

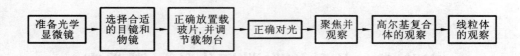

准备光学显微镜 → 选择合适的目镜和物镜 → 正确放置载玻片,并调节载物台 → 正确对光 → 聚焦并观察 → 高尔基复合体的观察 → 线粒体的观察

2. 内容

1)高尔基复合体的观察

观察方法:先用低倍镜观察,寻找圆形或椭圆形的被染成黄色或淡黄色的细胞,然后转换高倍镜观察,中央透亮区为核所在位置,核周围棕褐色扭曲呈线状、颗粒状的结构即为高尔基复合体,如图 3-1 所示。

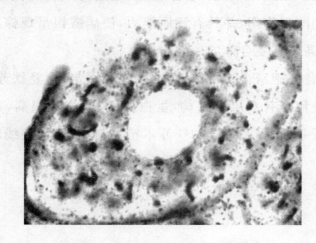

图 3-1 高尔基复合体显微观察示意图

2)线粒体的观察

观察方法:先用低倍镜观察,可见许多被染成深蓝色的细胞,选择颜色清晰、密集程度较低的区域移至视野中央,然后转换至高倍镜观察,细胞核为 1~2 个圆形的不着色的区域,并有深蓝色的核仁,核周围分布有许多深蓝色颗粒或杆状小体,即线粒体,如图 3-2 所示。

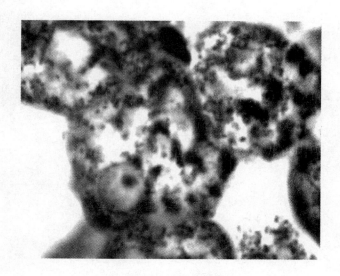

图 3-2　线粒体显微观察示意图

3. 注意事项

严格按照光学显微镜使用方法进行操作,防止误操作压破标本片。

五、实验结果

1. 原始记录

2. 草图

六、实验报告（请完成后剪下并提交教师）

实验报告三　几种细胞器切片的显微观察

姓名：＿＿＿＿＿＿＿＿　　　　日期：＿＿＿＿＿＿

专业班级：＿＿＿＿＿＿　　　　老师：＿＿＿＿＿＿

1. 实验目的

2. 实验设备、材料与试剂

3. 实验内容

4. 讨论与分析

5. 思考题

(1)为什么观察或研究动物细胞线粒体通常以肝细胞为材料？

(2)在普通光学显微镜下可以看到哪些细胞结构？它们有何形态特征？

实验四 动、植物细胞骨架的制备与观察

一、实验原理

细胞骨架（cytoskeleton）是指真核细胞中的蛋白纤维的网络结构。细胞骨架包括微丝（microfilament）、微管（microtubule）和中间纤维（intermediate filament）。

微丝确定细胞表面特征，使细胞能够运动和收缩。微管确定膜性细胞器的位置和作为膜泡运输的导轨。中间纤维使细胞具有张力和抗剪切力。其他骨架成分包括细胞核骨架、细胞膜骨架、细胞外基质。

用 Triton X-100 溶液处理细胞时，可使细胞膜中的脂质和部分蛋白质被溶解抽提，但细胞骨架蛋白质不受破坏而被保存。经固定和非特异性蛋白质染料考马斯亮蓝染色后，可在光学显微镜下观察到由微丝组成的纤维束（呈蓝色）。

二、实验目的

（1）观察光学显微镜下细胞骨架的基本形态结构。

（2）了解微丝的显示方法。

三、实验设备、材料与试剂

1. 设备

光学显微镜、称量瓶、烧杯、滴管、手术刀、剪刀、镊子、载玻片、恒温箱等。

2. 材料与试剂

（1）洋葱。

（2）0.2 mol/L pH 7.3 磷酸缓冲液（PB）。

（3）0.01 mol/L 磷酸盐缓冲液（PBS）：0.2 mol/L PB 50 mL 加 0.15 mol/L 氯化钠 50 mL 双蒸水定容至 1 L。

（4）M-缓冲液：50 mM 咪唑、0.5 mM 氯化镁、50 mM 氯化钾、1 mM EGTA（乙二醇-双-（2-氨基乙基醚）四乙酸）。

（5）0.1 mmol/L EDTA：乙二胺四乙酸 1 mmol/L DTT（二硫苏糖醇）、4 mmol/L甘油、1％ Triton X-100（用 M-缓冲液配制）。

（6）3％戊二醛（用 0.01 M PBS 配制）。

（7）0.2％考马斯亮蓝 R250：用少许无水乙醇溶解，然后加 12.5％三氯醋酸定容，装瓶备用。

四、实验方法

1. 流程图

1）植物细胞骨架的制备

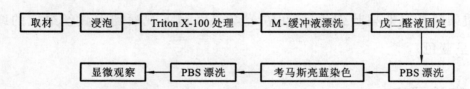

2）动物细胞骨架的制备

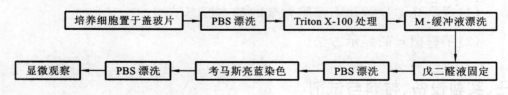

2. 内容

1）植物细胞骨架的制备与观察

（1）用镊子撕取若干洋葱鳞片的内表皮（不要用靠近鳞片边缘的表皮），剪成 0.5 cm×0.5 cm 大小，放入容器中，加入 PBS，浸泡 3 min。

（2）吸去磷酸盐缓冲液，加入 1％ Triton X-100，处理 30 min（28 ℃恒温箱），然后用 M-缓冲液漂洗 3～5 次，每次 5 min。

（3）再加入 3 ‰ 戊二醛液,固定 20 min(28 ℃ 恒温箱),然后用 PBS 漂洗 3～5 次,每次 5 min。

（4）然后用 0.2 ‰ 考马斯亮蓝染色 20 min(在载玻片上进行),之后再用 PBS 冲洗一次。

（5）盖上盖玻片,吸干水分,观察实验结果。

2）动物细胞骨架的制备与观察

（1）将生长在载玻片上的 CHO 细胞片,放入小培养皿中,用 PBS 洗涤 3 次,每次 3 min。

（2）将玻片条浸在 2‰ Triton X-100 液中,置于 37 ℃ 恒温箱处理 20～30 min,以增加细胞膜的通透性。

（3）立即用 M-缓冲液轻轻地洗涤 3 次,每次 3 min,使细胞骨架稳定。

（4）在 3‰戊二醛溶液中固定 10 min。

（5）用 PBS 漂洗 3 次,每次 5 min,吸去多余液体。

（6）滴加 0.2‰考马斯亮蓝染色 20 min,用 PBS 冲洗,封片观察。

3. 注意事项

（1）在制备动物细胞骨架时注意区分盖玻片的正反面,可以切去盖玻片的一角作为标记。

（2）染色剂要滴加到有盖玻片的细胞面。

五、实验结果

1.原始记录

2. 草图

六、实验报告（请完成后剪下并提交教师）

实验报告四　动、植物细胞骨架的制备与观察

姓名：＿＿＿＿＿＿＿＿　　　日期：＿＿＿＿＿＿

专业班级：＿＿＿＿＿＿　　　老师：＿＿＿＿＿

1. 实验目的

2. 实验设备、材料与试剂

3. 实验内容

4. 讨论与分析

5. 思考题

(1)M-缓冲液的作用是什么？

(2)实验中是否可以看到微管和中间纤维,为什么？

实验五 人类中期染色体的制备

一、实验原理

人体外周血淋巴细胞培养(人体末梢血、微量全血短期培养)及其染色体标本制备是国内外研究显示染色体最常用和效果最好的方法。此方法取材方便,用血量少,操作简便,现已广泛应用于基础医学、临床医学的研究和染色体病的诊断等。

人体外周血中的小淋巴细胞,是已分化、处于 G_0 期的细胞,几乎不具有分裂增殖能力。在离体血培养细胞中很难找到正在分裂的淋巴细胞,因此,需采用刺激细胞增殖的措施。人们发现从芸豆(菜豆)中提取的植物血球凝集素(植物血凝素,PHA)可以刺激小淋巴细胞进行有丝分裂,即在 PHA 作用下,处在 G_0 期的小淋巴细胞可转化为淋巴母细胞。淋巴母细胞具有分裂能力,可重新进入增殖周期进行有丝分裂。此时,细胞分裂相较多,但都处于分裂的不同时期。一般来说,制作染色体标本主要是显示细胞分裂中期染色体,因中期染色体形态最为典型、最为清晰、最易辨认,是研究染色体的最好阶段。为了获得大量可供分析的中期染色体,需在终止细胞培养前数小时加入适当浓度的有丝分裂阻断剂——秋水仙素(或其衍生物秋水仙胺)。它可特异地抑制纺锤丝的形成、阻抑分裂中期活动而使细胞分裂停滞于中期,借此可获得大量中期分裂象细胞。

在进行染色体标本制备的过程中,首先要进行低渗处理,使细胞体积胀大、染色体松散开而便于观察分析。最常用的低渗液为 0.075 mol/L 的 KCl,也可用水或 1% 枸橼酸钠等。低渗后的细胞需用固定液固定。醋酸固定液具有膨胀、固定作用。它和醇类混合固定,有利于染色体松散,可获得分散好、易于分析的分裂中期染色体标本。现在常用的为甲醇-冰醋酸(3:1)固定液。

二、实验目的

学习和掌握人体外周血体外培养制备染色体标本的方法。

三、实验设备、材料与试剂

1. 设备

光学显微镜(附照相设备)、超净工作台、隔水式恒温培养箱、离心机、冰箱、高压蒸汽消毒锅、鼓风干燥箱、无菌正压滤器、分析天平(感量 1/10 mg)、架盘天平、链霉素培养瓶及瓶塞、肝素小瓶及瓶塞(取血用)、2 mL 或 5 mL 一次性注射器、10 mL 吸管、直头小吸管、5 mL 刻度离心管、载玻片、酒精灯、量筒、烧杯、pH 试纸、搪瓷盆、搪瓷盘、试管架、片盘、片盒、止血带、棉签、大吸球、小吸头、废液缸、解剖剪刀、镊子、记号笔、火柴、染色缸或染色玻璃板和擦镜纸等。

2. 材料与试剂

人静脉血。

RPMI-1640 营养液、小牛血清、Hanks 液、双抗(青霉素和链霉素)、2% 碘酒、75% 乙醇、3.8% $NaHCO_3$、520 IU/mL 肝素、40 μg/mL 秋水仙素、PHA、0.075 mol/L KCl 低渗液、甲醇、冰醋酸、Giemsa 染液、二甲苯和香柏油等。

四、实验方法

1. 流程图

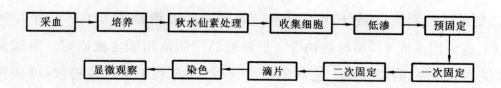

2. 内容

1）采血

在采血前,对各种用品进行清洗、无菌处理,配制、分装并冻存培养液（5 mL/瓶）,用 5 mL 注射器抽取 520 U/mL 肝素 0.1 mL,备用。

常规消毒肘部皮肤,用抽取肝素的注射器静脉采血 2 mL,轻轻摇匀,待接种培养。

2）接种培养

将事先配制、冻存的装有 5 mL 完全培养基的培养瓶从冰箱中取出,置于室温下融化,每瓶滴入约 0.3 mL 肝素抗凝血,轻轻摇匀,置于 37 ℃培养箱中培养 72 h。

3）积累分裂中期细胞

在终止培养前 2 h,于培养瓶内加入浓度为 40 μg/mL 秋水仙素 1 滴,使其终浓度为 0.1～0.15 μg/mL,摇匀,置于 37 ℃培养箱中继续培养 2 h 后收集细胞、制片。

4）制片

（1）收集细胞:从培养箱中取出培养瓶,用小吸管将培养物吹打均匀,移入 5 mL 刻度离心管内,以 2000 r/min 离心 10 min,吸去上清液,保留底物。

（2）低渗:每管加入 37 ℃预温的 0.075 mol/L KCl 溶液 4 mL,用吸管轻轻吹打均匀,置于 37 ℃水浴锅中低渗 30 min,以达到红细胞破坏、淋巴细胞膨胀和染色体分散的目的。

（3）预固定:低渗处理后,每管加入 1 mL 甲醇:冰醋酸（3:1）固定液,将细胞轻轻吹打均匀,置于离心机以 2000 r/min 离心 10 min。

（4）固定 1:去上清液,加固定液 5 mL,吹打均匀,固定 30 min 后,以 2000 r/min 离心 10 min。

（5）固定 2:去上清液,再加入 5 mL 固定液,吹打均匀,再次固定 30 min,然后以 2000 r/min 离心 10 min。

（6）滴片:去上清液,留底物,每管加入少许（约 0.2 mL）固定液,将底物吹打均匀,制成细胞悬液。然后用吸管吸取混匀的细胞悬液,约以 20 cm 或更高的距离滴至预冷的载玻片上,每片 2～3 滴,随即将载玻片在酒精灯火焰上微烤(一过性微烤数次),以助细胞、染色体分散,使之均匀平铺于载玻片上。将制片放入片盘,空气干燥后,收集于片盒中。

(7)染色和观察:待制片晾干后,放入约 1∶10 Giemsa 染液的染色缸中染色 15 min 左右,或架在染色用玻璃板上扣染 15 min 左右(扣染是指染色时,将染色体制片的细胞面朝下,架在玻璃板上,将染液滴入玻璃板和细胞面之间),用自来水轻轻冲洗,晾干后在光学显微镜下观察。先用低倍镜观察后,再选择分散好的染色体换高倍镜及油镜观察,注意人类核型中近端、亚中和中着丝粒染色体的形态特点。

3. 注意事项

(1)秋水仙素用量和作用时间要适当。该药有强烈的毒性作用,用量过大、作用时间过长,可使染色体缩短和发生异常分裂现象,甚至染色体破碎。

(2)最后滴片环节是染色体制片好坏的关键步骤。载玻片上有油污或预冷不够、滴片时所滴悬液重叠,操作不好或底物悬液过浓等都会直接影响细胞染色体的分散。底物悬液过稀或酒精灯上烤片时间太长,都可能造成制片中可供分析用的染色体过少,甚至找不到染色体。

五、实验结果

1. 原始记录

2. 草图

六、实验报告(请完成后剪下并提交教师)

实验报告五　人类中期染色体的制备

姓名：＿＿＿＿＿＿＿＿　　　　日期：＿＿＿＿＿＿

专业班级：＿＿＿＿＿＿　　　　老师：＿＿＿＿＿＿

1. 实验目的

2. 实验设备、材料与试剂

3. 实验内容

4.讨论与分析

5.思考题

(1)血培养中 PHA 所起的作用是什么？秋水仙素的作用是什么？

(2)简述血培养和外周血淋巴细胞染色体标本制备的过程。

实验六　细胞有丝分裂标本的制备与形态观察

一、实验原理

有丝分裂是真核生物体细胞的基本增殖方式。通过 DNA 的复制以及染色体的分裂,实现遗传物质平均分配到 2 个新的子细胞。染色体复制一次,细胞分裂一次,结果 1 个细胞变为 2 个细胞,且 2 个子细胞与母细胞遗传物质在质量和数量上完全一致。其意义在于,维持了个体的正常生长和发育,保证了物种遗传的连续性和稳定性。

植物细胞的细胞周期与动物细胞的标准细胞周期非常相似,含有 G_1 期、S 期、G_2 期和 M 期四个时期。植物细胞不含中心体,但在细胞分裂时可以正常组装纺锤体。植物细胞以形成中板的形式进行胞质分裂。

二、实验目的

通过标本制备和观察了解生物体细胞有丝分裂的形态特征及分裂过程。

三、实验设备、材料与试剂

1. 设备

光学显微镜、擦镜纸、解剖针、镊子、载玻片、盖玻片、吸水纸、培养皿等。

2. 材料与试剂

(1)洋葱根尖压片、洋葱根尖。

(2)70%乙醇、卡诺氏固定液、1 mol/L HCl、6 mol/L HCl、改良碱性品红染液、45%醋酸等。

四、实验方法

1. 流程图

取材 → 预处理 → 固定 → 解离 → 染色 → 封片 → 显微观察

2. 内容

(1)取材:将洋葱置于盛有水的小烧杯上,使其鳞茎浸入水中,室温下培养3~5 d,每天换水。待其根尖长到2~3 cm时,切取1 cm左右的根尖。

(2)预处理:将根尖浸入蒸馏水中,置于冰箱(4 ℃)处理24 h。减缓细胞的有丝分裂,使处在分裂期的细胞数量增多,便于观察。也可用秋水仙素进行处理。

(3)固定:取出材料,放入卡诺氏固定液中固定3 h左右。固定液用量为材料体积的15倍以上,若固定不好,会影响以后的步骤。

(4)解离:将固定的根尖用清水漂洗几次,然后用1 mol/L的HCl在60 ℃处理10 min左右。或用6 mol/L的HCl室温下处理5~10 min。

(5)染色和制片:将解离后的洋葱根尖用水漂洗3次,放在载玻片上,用镊子轻轻捣碎。用碱性品红染液染色5~10 min后,用吸水纸吸去多余的染料,盖上盖玻片,用铅笔或橡皮头轻轻敲打,使细胞彼此离散。

(6)镜检:在光学显微镜下观察根尖细胞。如果细胞染色过深,可加45%的醋酸(或95%乙醇),进行分色处理。分色时,一般是在盖玻片的一边滴加45%的醋酸,另一边用吸水纸吸去多余的液体。如果细胞重叠比较严重,可用橡皮头再次轻轻敲打,直至细胞在载玻片上呈淡淡的云雾状为止。

3. 注意事项

(1)压片时用橡皮头轻轻敲击,将材料压成均匀的薄层即可。敲打时不要使细胞在载玻片上发生扭动,否则容易造成细胞形态发生变化。注意用力适度。

(2)将洋葱根尖压片或切片标本先在低倍镜下观察,寻找生长区(图

3-3)，这部分的细胞分裂旺盛，大多处于分裂状态，细胞形状呈方形。换高倍镜仔细观察不同分裂时期的细胞形态特征。

（3）通过光学显微镜可观察到有丝分裂各期染色体形态及其特征（图3-4）。

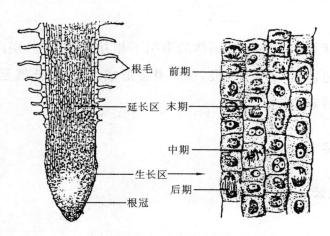

图 3-3　洋葱根尖生长区细胞有丝分裂

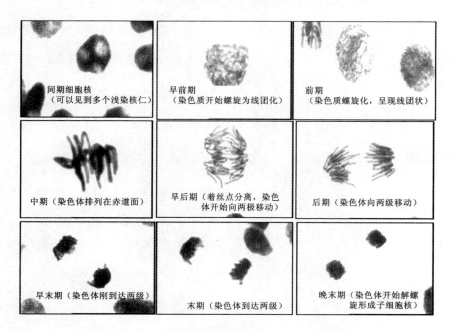

图 3-4　洋葱根尖细胞有丝分裂各期染色体形态图

间期：从细胞在一次分裂结束之后到下次分裂之前的时期。处于分裂间期的细胞在形态上没有什么变化，但染色体的复制以及多种蛋白质的合成都发生在这一时期。

前期:染色质开始浓缩、凝集、折叠和螺旋化形成染色体,分裂极确立,纺锤体开始形成,核仁解体,核膜消失。

中期:染色体达到最大程度凝聚,并排列在细胞中央的赤道面上,形成赤道板。

后期:姐妹染色单体在纺锤体的牵引下相互分离,并分别向两极移动。

末期:染色体分别到达两极,核膜重新形成,染色体伸展延长,最后成为染色质,核仁重新出现。

五、实验结果

1. 原始记录

2. 草图

六、实验报告(请完成后剪下并提交教师)

实验报告六　细胞有丝分裂标本的制备与形态观察

姓名：_____　　　日期：_____

专业班级：_____　　　老师：_____

1. 实验目的

2. 实验设备、材料与试剂

3. 实验内容

4.讨论与分析

5.思考题

(1)比较动物细胞和植物细胞有丝分裂的异同点。

(2)简述制备根尖临时压片步骤,并绘图记录洋葱根尖有丝分裂各期细胞。

实验七　蝗虫精巢减数分裂压片标本的制备与观察

一、实验原理

减数分裂是发生于有性生殖配子成熟过程中的一种细胞分裂,又称成熟分裂,其主要特征是生殖细胞连续进行两次核分裂后,细胞中的染色体数目减半,从而保证了在有性生殖过程中上下代生物体中染色体数目的恒定,使物种在遗传上具有相对的稳定性。与此同时,在减数分裂过程中发生的遗传物质的交换、重组及自由组合,使生物体增加了更多的变异机会,确保了生物的多样性。

蝗虫精巢取材方便,标本制备方法简单,染色体数目较少。例如,蝗虫初级精母细胞染色体数 $2n=22+X$,经过减数分裂形成四个精细胞,每个精细胞的染色体数为 $n=11+X$ 或 $n=11$(注:蝗虫的性别决定与人类不同,雌性有两条 X 染色体,雄性为 XO,即只有一条 X 染色体,没有 Y 染色体),一般多采用它来研究、观察减数分裂染色体的形态变化。

二、实验目的

通过标本制备和观察了解生殖细胞的减数分裂过程。

三、实验设备、材料与试剂

1. 设备

光学显微镜、擦镜纸、解剖针、镊子、载玻片、盖玻片、吸水纸、培养皿等。

2. 材料与试剂

(1)蝗虫精巢。

(2)Carony 固定液、70％乙醇、改良碱性品红染液等。

四、实验方法

1. 流程图

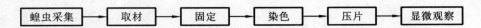

蝗虫采集 → 取材 → 固定 → 染色 → 压片 → 显微观察

2. 内容

1)蝗虫精巢压片标本的制备

(1)蝗虫采集:采集到各期分裂象的标本是实验成功的关键,解决这一关键要把握两点。

①采集时间:湖北地区的采集时间一般以 7 月 15 日至 25 日为宜。

②虫体特征:雄虫翘膀长到刚好盖住腹部一半时,正好是雄虫精子发生的高峰时期,最适合采集。在田埂、河边、路旁的草丛中均可采到。

(2)取材:将采到的雄虫用大头针固定在木板或纸盒上,沿腹部背中线剪开体壁,见消化管背侧的浅黄色结构即是精巢,用镊子分离出来。

(3)固定:将取出的精巢立即放入 Carnoy 固定液中,固定 1 h。期间可用大头针小心分离精细管,加速固定,促进脂肪溶解。固定后,移入 70%乙醇中存放于 4 ℃冰箱备用。

(4)染色:挑取蝗虫精细管,置于载玻片上,水洗并吸干,滴加一滴改良碱性品红染液,用镊子将精细管轻轻捣碎,染色 5～10 min。

(5)压片:在染色材料上盖上盖玻片,再在盖玻片上放一块吸水纸,用大拇指垂直在盖玻片上适力下压(压片时不要滑动盖玻片)使精细管破裂细胞平展开,吸去溢出的染液,即可观察。

2)蝗虫精母细胞减数分裂过程观察

蝗虫精巢是由多条圆柱形的精细管组成,每条精细管由于生殖细胞发育阶段的差别可分成若干区,良好压片可见到从游离的顶端起依次为精原细胞、精母细胞、精细胞及精子等各发育阶段的区域。

(1)精原细胞(spermatogonia):位于精细管的游离端,胞体较小,由有丝分裂来增殖,其染色体较粗短、染色较浓。

（2）减数分裂Ⅰ（meiotic division Ⅰ）：减数分裂Ⅰ是从初级精母细胞到次级精母细胞的一次分裂。

①前期Ⅰ（prophase Ⅰ）：在减数分裂中，以前期Ⅰ最有特征性，核的变化最为复杂。依染色体变化，前期Ⅰ又可分为下列各期。

细线期（leptotene stage）：将染色体上细长的丝称为染色线。染色线弯曲绕成一团，排列无规则，其上有大小不一的染色粒，染色粒形似念珠，核仁清楚。

偶线期（zygotene stage）：同源染色体开始配对，同时出现极化现象，各以一端聚集于细胞核的一侧，另一端则散开，形成花束状。

粗线期（pachytene stage）：每对同源染色体联合完成，缩短成较粗的线状，称为双价染色体，因其由四条染色体组成，又称四分体。

双线期（diplotene stage）：染色体缩得更短些，同源染色体开始有彼此分开的趋势，但因两者相互绞缠，有多点交叉，所以这时的染色体呈现麻花状。

终变期（diakinesis）：染色体更为粗短，形成 Y、V、O 等形状，核膜、核仁消失。

②中期Ⅰ（metaphase Ⅰ）：核膜和核仁消失，纺锤体形成，双价染色体排列于赤道面，着丝点与纺锤丝相连。这时的染色体组居细胞中央，侧面观呈板状，极面观呈空心花状。

③后期Ⅰ（anaphase Ⅰ）：由于纺锤丝的解聚变短，同源的两条染色体彼此分开，分别向两极移动。但每条染色体的着丝粒尚未分裂，故两条姐妹染色单体仍连在一起同去一极。

④末期Ⅰ（telophase Ⅰ）：移动到两极的染色体，呈聚合状态，并解旋，同时核膜形成，细胞质也均分为二，即形成两个次级精母细胞，这时每个新核所含染色体的数目只是原来的一半。到此减数分裂Ⅰ结束。

（3）减数分裂Ⅱ（meiotic division Ⅱ）：减数分裂Ⅱ类似一般的有丝分裂，但从细胞形态上看，可见胞体明显变小，染色体数目少。

①前期Ⅱ（prophase Ⅱ）：末期Ⅰ的细胞进入前期Ⅱ状态，每条染色体的

两个单体显示分开的趋势,染色体像花瓣状排列,使前期Ⅱ的细胞呈实心花状。

②中期Ⅱ(metaphaseⅡ):纺锤体再次出现,染色体排列于赤道面。

③后期Ⅱ(anaphaseⅡ):着丝粒纵裂,每条染色体的两条单体彼此分离,各成一子染色体,分别移向两极。

④末期Ⅱ(telophaseⅡ):移到两极的染色体分别组成新核,新细胞的核具单倍数(n)的染色体组,细胞质再次分裂,这样通过减数分裂每个初级精母细胞就形成了四个精细胞。

3. 注意事项

压片时不能使用铁器和硬度较大的东西,可用橡皮头轻轻敲击,将材料压成均匀的薄层即可。注意用力适度。

五、实验结果

1. 原始记录

2. 草图

六、实验报告(请完成后剪下并提交教师)

实验报告七 蝗虫精巢减数分裂压片标本的制备与观察

姓名：_____   日期：_____

专业班级：_____   老师：_____

1. 实验目的

2. 实验设备、材料与试剂

3. 实验内容

4. 讨论与分析

5. 思考题

(1)比较有丝分裂与减数分裂的异同。

(2)解释二价体、四分体的含义。

第4章 细胞表面和细胞内分子检测

实验八　人类 ABO 血型检测

一、实验原理

　　血型就是红细胞膜上特异抗原分子的类型。在人类 ABO 血型系统中，红细胞膜上抗原分子有 A 和 B 两种，而血清抗体分别有抗 A 和抗 B 两种。A 抗原加抗 A 抗体或 B 抗原加抗 B 抗体，产生凝集现象。血型鉴定是将受试者的红细胞加入标准 A 型血清（含有抗 B 抗体）与标准 B 型血清（含有抗 A 抗体）中，观察有无凝集现象，从而测知受试者红细胞膜上有无 A 或（和）B 抗原。在 ABO 血型系统中根据红细胞膜上是否含 A、B 抗原可将血型分为 A、B、AB、O 四种类型（表 4-1）。

表 4-1　ABO 血型中的抗原和抗体

血型	红细胞膜上所含的抗原	血清中所含的抗体
O	无 A 和 B	抗 A 和抗 B
A	A	抗 B
B	B	抗 A
AB	A 和 B	无抗 A 和抗 B

　　交叉配血是将受血者的红细胞与血清分别同供血者的血清与红细胞混合,观察有无凝集现象(图 4-1)。输血时,一般主要考虑供血者的红细胞不要被受血者的血清所凝集,其次才考虑受血者的红细胞不被供血者的血清所凝集。前者称为交叉配血试验的主侧(也称直接配血),后者称为交叉配血的次侧(也称间接配血)。只有主侧和次侧均无凝集,称为"配血相合",才能进行输血;如果主侧凝集,称为"配血不合"或"配血禁忌",绝对不能输血;如果主侧不凝集,而次侧凝集,可以认为"基本相合",但输血时要特别谨慎,不宜过快过多,密切注视有无输血反应。

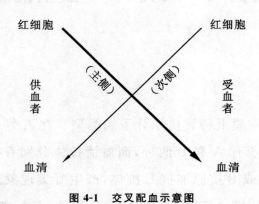

图 4-1　交叉配血示意图

二、实验目的

　　学习人类 ABO 血型鉴定的原理、方法以及交叉配血方法。

三、实验设备、材料与试剂

1. 设备

光学显微镜、离心机、采血针、载玻片、双凹载玻片、竹签、棉球、试管等。

2. 材料与试剂

标准 A 型和标准 B 型血清、75%乙醇、碘酒等。

四、实验方法

1. 流程图

(1)人类 ABO 血型鉴定。

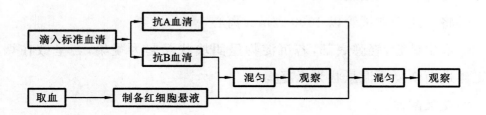

(2)交叉配血。

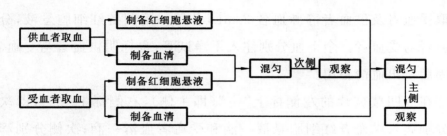

2. 内容

1)人类 ABO 血型鉴定

(1)玻片法。

①取洁净载玻片一块,分别于载玻片两端各滴入标准 A 型及标准 B 型血清 2 滴。

②红细胞悬液制备:从指尖或耳垂取血一滴,加入含 1 mL 生理盐水的小试管内,混匀,即得约 5% 红细胞悬液。采血时应注意先用 75% 乙醇消毒指尖或耳垂。

③用滴管吸取红细胞悬液,分别各滴一滴于载玻片两端的血清上,注意勿使滴管与血清相接触。

④用竹签两头分别混合,搅匀。

⑤10～30 min 后观察结果。先用肉眼看有无凝集现象,肉眼不易分辨

时,则在低倍显微镜下观察,如有凝集反应,可见红细胞聚集成团。

⑥根据供血者红细胞是否被标准 A、B 型血清所凝集,判断其血型。

(2)试管法。

①取试管 2 支,分别标明 A、B 字样,并分别加入相应标准血清 2 滴,各管加入受血者的红细胞悬液 1～2 滴,摇匀。

②将上述 2 支试管以 1000 r/min 离心 1 min。

③取出试管,轻弹底部,若沉淀物呈团块状浮起为凝集,若呈散在烟雾状上浮进而恢复原混悬状为无凝集。

2)交叉配血

(1)玻片法。

①先用蘸有碘酒、75％乙醇的棉球分别消毒皮肤后,再用消毒干燥注射器抽取受血者及供血者静脉血各 2 mL,各用一滴制备红细胞悬液,分别标明供血者与受血者。余下血分别注入干净试管,也标明供血者与受血者,待其凝固后析出血清备用。

②在双凹载玻片的左侧标上"主"(即主侧),右侧标上"次"(即次侧)。主侧分别滴入供血者红细胞悬液一滴和受血者血清一滴;次侧分别滴入受血者红细胞悬液一滴和供血者血清一滴,并用竹签混匀。

③15～30 min 后,观察结果。若两侧均无凝集现象,可多量输血;若主侧无凝集而次侧有凝集只可考虑少量输血;若主侧有凝集则不能输血。

(2)试管法。

取 2 支试管,分别注明"主"、"次"字样,管内所加内容物同玻片法,混匀后以 1000 r/min 离心 1 min,取出观察结果。

3. 注意事项

(1)所用双凹载玻片在实验前必须清洗干净,以免出现假凝集现象。

(2)标准 A、B 型血清绝对不能相混,应在所用滴管上贴标签标明 A 及 B,红细胞悬液滴管头不能接触标准血清液面,若用竹签一端去混匀一侧就不能再去接触另一侧。

五、实验结果

1. 原始记录

2. 草图

六、实验报告（请完成后剪下并提交教师）

实验报告八　人类 ABO 血型检测

姓名：＿＿＿＿＿＿＿＿　　　日　期：＿＿＿＿＿＿

专业班级：＿＿＿＿＿＿　　　老师：＿＿＿＿＿＿

1. 实验目的

2. 实验设备、材料与试剂

3. 实验内容

4.讨论与分析

5.思考题

(1)在无标准血清情况下已知某人为 A 型或 B 型,能否用其血去检查未知血型? 如何检测?

(2)交叉配血为何主侧不凝集而次侧凝集时可以少量输血? 还有哪些注意事项?

(3)红细胞凝固、凝集、聚集三者有何不同?

(4)根据你的血型,判断你能接受何种血型以及能够给何种血型供血?

(5)O 型血人又被称为"万能供血者",试根据 ABO 血型分型解释这一说法。

实验九　鸡红细胞甲基绿-派洛宁染色显示细胞中的 DNA／RNA

一、实验原理

用甲基绿-派洛宁混合染液处理细胞后,可使细胞内 DNA 和 RNA 显示不同的颜色。

用核酸水解酶(DNase 和 RNase)作为"酶水解对照"的研究证实:被甲基绿所染色者为 DNA,可经脱氧核糖核酸酶(DNase)消化而特异性失染;被派洛宁所染色者为 RNA,可经核糖核酸酶(RNase)消化使原派洛宁阳性物质失染。因而,甲基绿-派洛宁染色成为一种显示核糖核酸的组织化学方法。

甲基绿染 DNA 和派洛宁染 RNA 不是化学作用,而是这两种染料与 DNA 和 RNA 聚合程度不同,即 DNA 和 RNA 对这两种碱性染料有不同的亲和力,所以是选择性染色。

DNA 分子为高聚分子,甲基绿分子有两个相对的正电荷。甲基绿对聚合程度高的 DNA 分子有强的亲和力,故能使 DNA 染成绿色。而 RNA 为低聚分子,派洛宁只有一个正电荷,因此,派洛宁仅与聚合程度低的 RNA 结合,使 RNA 染成红色。

二、实验目的

熟悉细胞 DNA 和 RNA 的分布状况,了解细胞核染色的一般原理、方法及其意义。

三、实验设备、材料与试剂

1. 设备

光学显微镜、载玻片、镊子等。

2. 材料与试剂

70％乙醇、鸡血(蛙血)、Unna 染色液(甲基绿-派洛宁)等。

四、实验方法

1. 流程图

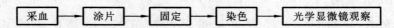

采血 → 涂片 → 固定 → 染色 → 光学显微镜观察

2. 内容

(1)涂片:取一滴鸡血置于载玻片的一端,一只手持载玻片,另一只手再拿一块边缘平滑的载玻片,将一端从血滴前方后移接触血滴,血滴即沿推片散开。然后,使推片与载玻片夹角保持 30°～45°平稳地向前移动,载玻片上保留一薄层血膜。

(2)固定:将晾干的血涂片浸入 70％乙醇中,固定 5～10 min,取出后室温下晾干。

(3)染色:将血涂片平放在实验台上,加 2～3 滴甲基绿-派洛宁混合染液于血涂片上,将染液铺平,染色 15～20 min。

(4)水洗:用细流水冲洗血涂片数秒钟,然后将载玻片立于吸水纸上,吸去多余的水分。

(5)观察:盖上盖玻片在光学显微镜下观察,细胞核、细胞质各被染成什么颜色?

3. 注意事项

染色后的每一步都应用吸水纸或粗滤纸吸去材料外多余的药品或试剂,否则会影响下一步操作及最后镜检的效果。

五、实验结果

1. 原始记录

2. 草图

六、实验报告（请完成后剪下并提交教师）

实验报告九　鸡红细胞甲基绿-派洛宁染色(显示细胞)中的 DNA/RNA

姓名:＿＿＿＿＿＿＿＿＿　　　　日期:＿＿＿＿＿＿＿

专业班级:＿＿＿＿＿＿＿　　　　老师:＿＿＿＿＿＿＿

1. 实验目的

2. 实验设备、材料与试剂

3. 实验内容

4.讨论与分析

5.思考题

(1)甲基绿和派洛宁都是碱性染料,为什么在 DNA 和 RNA 的染色性能上表现出不同的染色结果?

实验十　细胞内碱性蛋白质和酸性蛋白质的显示

一、实验原理

　　蛋白质的基本组成单位是氨基酸,氨基酸同时具有氨基和羧基(在溶液中主要以—NH_3^+、—COO^-形式存在),而自由氨基和羧基的游离取决于溶液的 pH 值:当蛋白质处于酸性溶液时,由于该溶液中正离子(H^+)多,从而抑制蛋白质中的 COOH 电离,于是造成蛋白质带正电荷多;当蛋白质处于碱性溶液时,由于该溶液中负离子(OH^-)多,从而促使蛋白质中的 COOH 都电离成 COO^-,于是造成蛋白质带负电荷多;当蛋白质处于某一种 pH 值溶液时,它恰好带有相等的正、负电荷(呈兼性离子),此时的 pH 值称为等电点(pI)。由于蛋白质除了末端氨基和末端羧基之外,还具有许多侧链,其上的许多基团在溶液中也都可以电离,因此,一个蛋白质分子表面四周都有电荷。不同蛋白质分子所带有的碱性基团和酸性基团的数量不等,故它们的等电点也不一样。因此,蛋白质分子所带的净电荷取决于以下两点:①分子中碱性基团和酸性基团数量;②所处溶液的 pH 值,如在生理条件下,整个蛋白质带负电荷多,则为酸性蛋白质(等电点偏向酸性),整个蛋白质带正电荷多,则为碱性蛋白质(等电点偏向碱性)。据此,可将标本经三氯醋酸处理后,用不同 pH 值的固绿染液(一种弱酸性染料,本身带负电荷)予以染色,可使细胞内的酸性蛋白质和碱性蛋白质分别显示。

二、实验目的

　　(1)熟悉细胞内酸性蛋白质和碱性蛋白质化学反应染色的一般原理及方法。

　　(2)了解蟾蜍红细胞内酸性蛋白质和碱性蛋白质在细胞中的分布。

三、实验设备、材料与试剂

1. 设备

光学显微镜、水浴箱、取材制片器械、染色器皿等。

2. 材料与试剂

活蟾蜍、70％乙醇、5％三氯醋酸、乙醚、1 mol/L HCl 等。

四、实验方法

1. 流程图

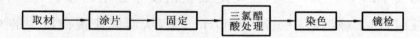

2. 内容

（1）取材和涂片：将活蟾蜍用乙醚麻醉后，剪开胸腔，打开心包，取心脏血滴一滴在干净载玻片一端，以另一载玻片的一端紧贴在已滴血的载玻片上，均匀用力，成 45°角轻轻向前推去，使血液在载玻片上涂成一均匀薄层，制成的涂片室温下晾干。

（2）固定：将晾干的涂片浸于 70％乙醇中固定 5 min，用清水冲洗干净。

（3）三氯醋酸处理：将已固定涂片浸于 5％三氯醋酸，60 ℃处理 30 min，用清水冲洗（注意一定要反复洗净，不可在涂片上留下三氯醋酸痕迹，否则酸性蛋白质和碱性蛋白质的染色不能分明）。

（4）染色和镜检：将显示酸性蛋白质的涂片在 0.1％酸性固绿染液中染色 5～10 min。用清水冲净。将显示碱性蛋白质的涂片在 0.1％碱性固绿染液中染色 0.5～1 h（视染色深浅而定）。用清水冲净后将上述两张涂片镜检观察。

3. 注意事项

（1）在制作血涂片的过程中要用力均匀，避免来回推拉及刮片，好的血涂片在光学显微镜下观察到的细胞应该是单层均匀排列。

（2）取血滴不宜太大，以免涂片过厚，影响观察。

（3）涂片厚薄适中。注意拿片的姿势，推片角度和速度要适中，应用力均匀。

（4）涂片一般后半部观察效果比较好。

五、实验结果

1. 原始记录

2. 草图

六、实验报告（请完成后剪下并提交教师）

实验报告十　细胞内碱性蛋白质和酸性蛋白质的显示

姓名：＿＿＿＿＿＿＿＿＿　　　日期：＿＿＿＿＿＿

专业班级：＿＿＿＿＿＿　　　老师：＿＿＿＿＿＿

1. 实验目的

2. 实验设备、材料与试剂

3. 实验内容

4. 讨论与分析

5. 思考题

比较细胞内碱性蛋白质和酸性蛋白质的不同。

第 5 章　细胞功能检测

实验十一　酸性磷酸酶的显示

一、实验原理

　　酸性磷酸酶(acid phosphatase，ACP)是溶酶体的标志酶。在酸性(pH＝5.0)条件下，ACP 会分解磷酸甘油，释放磷酸根离子。磷酸根离子与溶液中的铅离子可生成磷酸铅沉淀，但磷酸铅没有颜色，无法观察，故加入硫化铵与之反应，能生成棕黑色的硫化铅沉淀，可据此来定位在细胞中的 ACP。其反应过程如下：

$$磷酸甘油 \longrightarrow 甘油 + PO_4^{3-}$$

$$2PO_4^{3-} + 3Pb(NO_3)_2 \longrightarrow Pb_3(PO_4)_2(无色) \downarrow + 6NO_3^-$$

$$Pb_3(PO_4)_2 + 3(NH_4)_2S \longrightarrow 3PbS(棕黑色) \downarrow + 2(NH_4)_3PO_4$$

二、实验目的

　　(1)了解用铅沉淀法显示细胞中酸性磷酸酶的原理。
　　(2)观察酸性磷酸酶在细胞中的分布情况。

三、实验设备、材料与试剂

　　1. 设备
　　光学显微镜、恒温水浴锅、解剖刀、注射器、吸管、载玻片、盖玻片。

2. 材料与试剂

(1)小白鼠。

(2)6%淀粉溶液、3% β-甘油磷酸钠、2%硫化铵溶液。

(3)50 mmol/L 醋酸缓冲液:将 1.2 mL 醋酸加入 98.8 mL 蒸馏水中,制备成醋酸溶液(A 液);将 2.72 g 醋酸钠溶于 100 mL 蒸馏水中,制备成醋酸钠溶液(B 液);取 30 mL A 液与 70 mL B 液混匀,即为 50 mmol/L 醋酸缓冲液。

(4)ACP 孵育液:先将 25 mg $Pb(NO_3)_2$ 溶于 22.5 mL 50 mmol/L 醋酸缓冲液中,再逐滴加入 2.5 mL 3% β-甘油磷酸钠,边加边搅动,以防沉淀产生。

(5)福尔马林-钙固定液:取 10 g $CaCl_2$ 溶于 100 mL 蒸馏水中,制成 10% $CaCl_2$ 溶液,再取 10 mL 该溶液及 10 mL 甲醛加到 80 mL 蒸馏水中,混匀即为福尔马林-钙固定液。

四、实验方法

1. 流程图

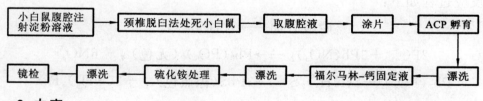

2. 内容

(1)实验前 3 d 每天向小白鼠腹腔中注射 1 mL 6%淀粉溶液。

(2)用颈椎脱臼法处死小白鼠,解剖刀切开腹腔,吸取适量腹腔液,制备涂片。

(3)转入 ACP 孵育液(37 ℃)中孵育 30 min,蒸馏水漂洗。

(4)用福尔马林-钙固定液固定 5 min,蒸馏水漂洗。

(5)2%硫化铵溶液处理 3 min,蒸馏水漂洗。

(6)光学显微镜观察。

3. 注意事项

（1）实验对照组的 ACP 孵育液中不加 3‰ β-甘油磷酸钠或在转入 ACP 孵育液前先用高温（50 ℃）处理 30 min，使酶失去活性，并在载玻片上做好标记。

（2）ACP 孵育液要现配现用，若有出现混浊或沉淀的 ACP 孵育液则不能使用，否则会影响实验结果。

五、实验结果

1. 原始记录

2.草图

实验报告十一　酸性磷酸酶的显示

姓名：＿＿＿＿＿＿＿＿　　　　日期：＿＿＿＿＿＿＿

专业班级：＿＿＿＿＿＿　　　　老师：＿＿＿＿＿＿

1. 实验目的

2. 实验设备、材料与试剂

3. 实验内容

4. 讨论与分析

5. 思考题

(1) 小白鼠腹腔提前注射淀粉溶液的目的是什么？

(2) 你认为本实验中最关键的步骤有哪些？

实验十二 细胞内过氧化物酶的显示

一、实验原理

过氧化物酶是广泛存在于动物、植物和微生物体内的一类氧化还原酶。它以过氧化氢为电子受体催化底物氧化,与呼吸作用、植物光合作用及生长素氧化等有密切关系。

过氧化物酶主要存在于细胞过氧化物酶体中,它以铁卟啉为辅基,可催化过氧化氢、氧化酚类和胺类化合物,具有清除过氧化氢及消除酚类、胺类毒性的双重作用。它还参与脂肪酸分解、含氮物质的代谢、氧浓度的调节等生理过程。通过二氨基联苯胺(diaminobenzidine,DAB)可对过氧化物酶进行细胞显微定位,因为过氧化物酶能把 DAB 氧化为蓝色或棕色聚合物。其中蓝色聚合物不稳定,可自然转化为棕色聚合物。因此,根据显色反应在光学显微镜下可观察到过氧化物酶在细胞中的分布情况。

二、实验目的

掌握联苯胺法显示细胞过氧化物酶的原理和方法。

三、实验设备、材料与试剂

1. 设备
光学显微镜、剪子、镊子、载玻片、牙签和吸管等。

2. 材料与试剂
(1)小白鼠。

(2)0.5％硫酸铜溶液:0.5 g 硫酸铜溶于 100 mL 蒸馏水中。

(3)0.1% DAB 和 H_2O_2 混合液：将 0.1 g DAB 加入 100 mL 蒸馏水中溶解过滤后，加 2 滴 3% H_2O_2，储存于棕色瓶中。

(4)1% 番红：1 g 番红溶于 100 mL 双蒸水中。

四、实验方法

1. 流程图

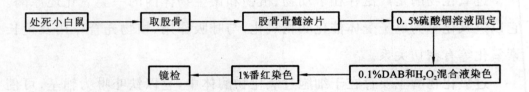

2. 内容

(1)用颈椎脱臼法处死小白鼠，剪开小白鼠大腿上的皮肤和肌肉，取出股骨。

(2)剪断股骨，用牙签挑出骨髓，在载玻片上涂片，晾干。

(3)滴加 1 滴 0.5% 硫酸铜溶液，固定 1 min。

(4)倾出 0.5% 硫酸铜溶液，滴加 0.1% DAB 和 H_2O_2 混合液，染色 6 min。用蒸馏水冲洗干净。

(5)加 1% 番红染色 1 min。用自来水冲洗干净，晾干。

(6)镜检：可见骨髓细胞中有蓝色或棕色颗粒，即过氧化物酶所在部位。

3. 注意事项

(1)实验对照组可不加 0.1% DAB 和 H_2O_2 混合液，以等体积蒸馏水代替。

(2)严格控制孵育和反应时间。时间不能过长，否则颜色会有异常变化。

五、实验结果

1. 原始记录

2. 草图

六、实验报告（请完成后剪下并提交教师）

实验报告十二　细胞内过氧化物酶的显示

姓名：_____　　　日期：_____

专业班级：_____　　　老师：_____

1. 实验目的

2. 实验设备、材料与试剂

3. 实验内容

4. 讨论与分析

5. 思考题

(1)过氧化物酶细胞化学定位的主要原理是什么？

(2)过氧化物酶在动物细胞中有哪些作用？

实验十三　细胞膜的通透性观察

一、实验原理

生物膜对小分子的跨膜渗透包括水、电解质和非电解质溶质的渗透。根据人工不含蛋白质的磷脂双分子层研究物质通透性质,只要时间足够长,任何分子都能顺浓度梯度扩散通过脂双层。人工合成的脂质体主要用来研究细胞膜的渗透性及各类物质进入细胞的速度。但不同分子通过脂双层扩散的速率差别很大,主要取决于它们在脂类和水之间的分配系数及其分子的大小。分子越小,分配系数越大,通过质膜的速度越快。从图 5-1 可以看出:小的、亲脂性的、非极性分子(如 O_2、CO_2、N_2、苯等)容易溶解于脂双层,可迅速透过脂双层;小的、不带电荷的极性分子(如水、脲、甘油等)如果足够小时,也能很快透过脂双层;大的、不带电荷的极性分子(如葡萄糖、蔗糖等)可以跨膜扩散运输,但比较困难;对于带电荷的分子或离子,由于这些分子的电荷及高的水化度,因此不管多小,都很难透过脂双层的疏水区,它们要通过载体介导的主动运输方式跨膜运输。所以人工脂双层膜对水的透性比那些直径小得多的 Na^+ 和 K^+ 大 10^9 倍。

与人工脂双层膜不同的是,生物膜不但允许水和非极性分子借简单的物理扩散作用透过,还允许各种极性分子,如离子、糖、氨基酸、核苷酸及很多细胞代谢产物通过特有的机制通过。

如果将红细胞放置在各种溶液中,根据红细胞质膜对各种溶质的渗透性不同,有的溶质可渗入,有的溶质不能渗入。即使能渗入,速度也有差异。可通过观察红细胞溶血现象时间的不同来记录渗入速度。血红蛋白从红细胞中逸出的现象称为溶血现象。渗入红细胞的溶质能提高红细胞渗透压,使水进入红细胞,引起溶血及细胞膜破裂。此时光线较容易通过溶液,使溶液呈现透明即为溶血。由于溶质透入速度不同,溶血时间也不同。因此,可通过溶血现象来测量各种物质通透性的差别。

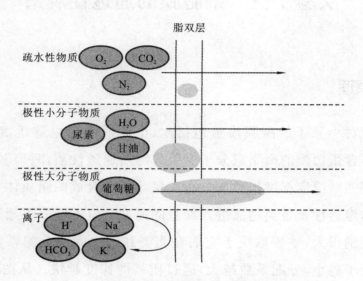

图 5-1 物质的跨膜运输方式示意图

二、实验目的

了解细胞膜的渗透性及各类物质进入细胞的速度。

三、实验设备、材料与试剂

1. 设备

50 mL 小烧杯、10 mL 移液管、试管、试管架。

2. 材料与试剂

(1) 动物血液。

(2) 0.17 mol/L 氯化钠、0.17 mol/L 氯化铵、0.32 mol/L 醋酸铵、0.17 mol/L 硝酸钠、0.12 mol/L 草酸铵、0.12 mol/L 硫酸钠、0.32 mol/L 葡萄糖、0.32 mol/L 甘油、0.32 mol/L 乙醇、0.32 mol/L 丙酮。

四、实验方法

1. 流程图

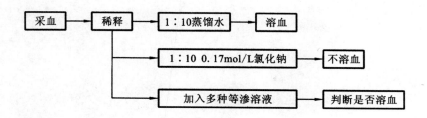

2. 内容

（1）动物血液的稀释：取 2 份血液，加入 8 份 0.17 mol/L 氯化钠溶液混匀即可。

（2）低渗溶液：取试管一支，加入 5 mL 蒸馏水，再加入 1 mL 稀释的血液，注意观察溶液颜色的变化，如由不透明的红色逐渐澄清，说明红细胞发生破裂造成 100％红细胞溶血，使光线比较容易透过溶液。

（3）红细胞的渗透性：

取试管一支，加入 5 mL 0.17 mol/L 氯化钠溶液，再加入 1 mL 稀释的血液，并轻轻摇动，注意颜色有无变化，有无溶血现象。为什么？

取试管一支，加入 5 mL 0.17 mol/L 氯化铵溶液，再加入 1 mL 稀释的血液，并轻轻摇动，注意颜色有无变化，有无溶血现象。若发生溶血，记下自加入稀释血液到溶液变成红色透明澄清所需时间。

分别在另外几种溶液中进行同样的实验。步骤同上。

3. 注意事项

（1）试管要根据实验所加的溶液编号，吸管也要对应编号。切勿混淆，以保证实验结果的准确性。

（2）判断溶血的标准：①试管内液体分层明显，上层浅黄色透明，下层红色不透明，为不溶血，镜检细胞形状正常；②试管内液体混浊，上层红色，为不完全溶血，镜检发现部分细胞破裂；③试管中液体变红透明，不分层，为完全溶血，镜检细胞完全破裂。

五、实验结果

1. 原始记录

2. 草图

六、实验报告（请完成后剪下并提交教师）

实验报告十三　细胞膜的通透性观察

姓名：＿＿＿＿＿＿＿＿＿　　　　日期：＿＿＿＿＿＿

专业班级：＿＿＿＿＿＿＿　　　　老师：＿＿＿＿＿＿

1. 实验目的

2. 实验设备、材料与试剂

3. 实验内容

4. 讨论与分析

5. 思考题

(1)什么是等渗溶液？红细胞为何在有些等渗溶液中会发生溶血现象？

(2)红细胞在本实验设计的各种溶液中发生溶血或不发生溶血的原因是什么？

(3)结合本实验现象和相关理论知识,谈谈细胞膜在物质的跨细胞膜运输和细胞识别中的作用。

实验十四　细胞吞噬活动的实验观察

一、实验原理

　　单细胞动物通过细胞吞噬作用(phagocytosis)从外界摄取营养物质。高等动物组织和血液中广泛分布有巨噬细胞、单核细胞和中性粒细胞等。它们通过吞噬作用防御微生物的侵入、清除衰老和死亡细胞等。当机体受到异物侵入时,巨噬细胞便向异物处聚集。首先异物被吸附在细胞表面,随后吸附区域的细胞膜向内凹陷,并伸出伪足包围异物,发生内吞作用形成吞噬体(phagosome)。吞噬体与胞内溶酶体融合,将异物消化分解。

二、实验目的

　　(1)掌握诱导小白鼠腹腔巨噬细胞吞噬现象的原理。

　　(2)在光学显微镜下,观察和分析细胞吞噬活动的基本过程。

三、实验设备、材料与试剂

1. 设备
光学显微镜、注射器、载玻片、盖玻片、解剖剪等。

2. 材料与试剂

(1)1%鸡红细胞悬液、小白鼠(体重 20 g 左右),6%淀粉肉汤(含 0.3%台盼蓝)。

(2)淀粉肉汤配制:① 6%淀粉肉汤(0.3 g 牛肉膏,1.0 g 蛋白胨,0.5 g NaCl,100 mL 蒸馏水,6.0 g 可溶淀粉)。煮沸灭菌,置于 4 ℃冰箱保存,用时水浴融化。②1%台盼蓝染液(台盼蓝粉 1 g,溶于 100 mL 生理盐水中,配制时要加热使之完全溶解,置于 4 ℃冰箱保存)。使用时向 6%淀粉肉汤中加入适量 1‰ 台盼蓝染液混匀。

四、实验方法

1. 流程图

2. 内容

（1）实验前 2 d，每天给小白鼠腹腔注射 6% 淀粉肉汤（含台盼蓝）1 mL，以诱导腹腔内产生较多的巨噬细胞。

（2）实验时，取 1 只经上述处理过的小白鼠，腹腔注射 1% 鸡红细胞悬液 1 mL，轻揉小白鼠腹部，使悬液分散均匀。

（3）25 min 后，用颈椎脱臼法处死小白鼠，迅速剖开腹腔，用未装针头的注射器贴腹腔背壁处抽取腹腔液。

（4）滴 1 滴腹腔液于载玻片上，制成细胞涂片。

（5）显微观察。

将视野光线调暗，在高倍镜下先分清鸡红细胞和巨噬细胞。鸡红细胞为淡黄色、椭圆形、有核的细胞。巨噬细胞数量较多，体积较大，呈圆形或不规则形；其表面有许多似毛刺状的小突起（伪足），细胞质中有数量不等的蓝色颗粒（为吞噬的含台盼蓝淀粉肉汤形成的吞噬泡）。变换视野，可看到巨噬细胞吞噬鸡红细胞过程中的不同阶段情况。有的鸡红细胞紧紧贴附于巨噬细胞表面，有的红细胞部分或全部被巨噬细胞吞入，形成吞噬泡。有的巨噬细胞内的吞噬泡已与溶酶体融合，正在被消化。

3. 注意事项

（1）小白鼠是最为常用的实验动物。捉拿时要将小白鼠放在鼠笼盖铁网上，用左手的拇指和食指抓住其头顶部皮肤，然后用右手小指与手掌夹住其尾巴用力向后拉，小白鼠则会尽力向前蹬，故能使其脊髓与脑髓间断裂致死。

（2）处死方法：处死小白鼠应以安乐死为原则，即使之无痛苦而迅速死亡。常用的方法有颈椎脱臼法、断头法和二氧化碳吸入法等。断头法需用特殊的断头器，二氧化碳吸入法则是将小白鼠放入盛有二氧化碳的容器内即可。颈椎脱臼法的具体方法是：左手拇指和食指按住小白鼠的头部，右手捉住其尾巴迅速向后猛拉，使其颈椎脱位而立即死亡。

五、实验结果

1.原始记录

2. 草图

六、实验报告（请完成后剪下并提交教师）

实验报告十四　细胞吞噬活动的实验观察

姓名：_____　　　　日期：_____

专业班级：_____　　　　老师：_____

1. 实验目的

2. 实验设备、材料与试剂

3. 实验内容

4.讨论与分析

5.思考题

(1)为什么要事先向小白鼠腹腔注射含台盼蓝的淀粉肉汤？

(2)分析细胞的吞噬活动在生物体物质代谢和防御反应中的作用。

附录 A 生物绘图

1. 生物绘图的要求

（1）具有高度的科学性，不得有科学性错误。形态结构要准确，比例要正确，要求真实感、立体感强、精细而美观。

（2）图面要力求整洁，铅笔要保持尖锐，尽量少用橡皮。

（3）绘图大小要适宜，位置略偏左，右边留着注图。

（4）绘图的线条要光滑、匀称，点点要大小一致。

（5）绘图要完善，字体用正楷，大小要均匀，不能潦草。注图线用直尺画出，间隔要均匀，且一般多向右边引出，图注部分接近时可用折线，但注图线之间不能交叉，图注要尽量排列整齐。

（6）绘图完成后在绘图纸上方要写明实验名称、班级、姓名、时间，在图的下方注明图名及放大倍数。

2. 生物绘图的方法

生物绘图的方法有多种，最常见的是点点衬阴法和线条衬阴法。点点衬阴法即将图形画出后，用铅笔点出圆点，以表示明暗和深浅，给予立体感。在暗处点要密，明处要疏，但要求点要均匀，点点要从明处点起，一行行交互着点，物体上的斑纹描出再点点衬阴。线条衬阴法又称涂抹阴影法，是依靠线条的疏密来表示阴暗和深浅。点点衬阴法要求不能用涂抹阴影的方法以代替点点。

3. 生物绘图的步骤

（1）绘图前认真观察标本，搞清实物标本的结构特点，切忌抄书或凭空想象。

（2）用 HB 铅笔轻轻将图的轮廓画出，作为草图要掌握好比例和位置。

（3）在草图的基础上绘制详图，此时要用 2H 和 3H 铅笔，线条要流畅，点要匀称，点线不要重复描绘。

（4）按注图要求绘图，写上图名及班级、姓名、放大倍数等。

附录 B 实验报告书写要求

实验报告的书写是一项重要的基本技能训练。它不仅是对每次实验的总结,更重要的是它可以初步地培养和训练学生的逻辑归纳能力、综合分析能力和文字表达能力,是科学论文写作的基础。因此,参加实验的每位学生,均应及时、认真地书写实验报告。要求内容实事求是,分析全面具体,文字简练通顺,誊写清楚整洁。

实验报告内容与格式

1. 实验名称

要用最简练的语言反映实验的内容。如验证某现象、定律、原理等,可写成验证×××、分析×××。

2. 所属课程名称

3. 学生姓名、学号及小组其他成员

4. 实验日期和地点(年、月、日)

5. 实验目的

目的要明确,在理论上,验证定理、公式、算法,并使实验者获得深刻和系统的理解,在实践上,掌握使用实验设备的技能技巧和程序的调试方法。一般需说明是验证型实验还是设计型实验,是创新型实验还是综合型实验。

6. 实验设备、材料和试剂

简要列出实验所用设备、材料和试剂。如果所用试剂需配制,则需详细写明。

7. 实验内容

这部分是实验报告极其重要的内容。要抓住重点,可以从理论和实践两个方面考虑。实验内容要写明依据何种原理、定律算法或操作方法进行实验,并写出详细理论计算过程。

8. 实验步骤

只写主要操作步骤,不要照抄实习指导,要简明扼要。还应该画出实验流程图(实验装置的结构示意图),再配以相应的文字说明,这样既可以节省许多文字说明,又能使实验报告简明扼要、清楚明白。

9. 实验结果

包括实验现象的描述、实验数据的处理等。原始资料应附在本次实验主要操作者的实验报告上,同组的合作者要复制原始资料。实验结果的表述,一般有以下三种方法。

(1)文字叙述:根据实验目的将原始资料系统化、条理化,用准确的专业术语客观地描述实验现象和结果,要有时间顺序以及各项指标在时间上的关系。

(2)图表:用表格或坐标图的方式使实验结果突出、清晰,便于相互比较,尤其适合于分组较多,且各组观察指标一致的实验,使组间异同一目了然。每一图表应有表目和计量单位,应说明一定的中心问题。

(3)曲线图:应用记录仪器描记出的曲线图中的指标变化趋势形象生动、直观明了。

在实验报告中,可任选其中一种或几种方法并用,以获得最佳效果。

10. 分析与讨论

根据相关的理论知识对所得到的实验结果进行解释和分析。如果所得到的实验结果和预期的结果一致,那么它可以验证什么理论?实验结果有什么意义?说明了什么问题?这些是实验报告应该讨论的。但是,不能用已知的理论或生活经验硬套在实验结果上,更不能由于所得到的实验结果与预期的结果或理论不符而随意取舍甚至修改实验结果,这时应该分析其异常的可能原因。如果本次实验失败了,应找出失败的原因及以后实验应注意的事项。不要简单地复述课本上的理论而缺乏自己主动思考的内容。

另外,也可以写一些本次实验的心得以及提出一些问题或建议等。

11. 结论

结论不是具体实验结果的再次罗列,也不是对今后研究的展望,而是针对这一实验所能验证的概念、原则或理论的简明总结,是从实验结果中归纳出的一般性、概括性的判断,要简练、准确、严谨、客观。

12. 思考题

广泛查阅资料,认真阅读,然后用自己的话简明、扼要地回答问题。

13. 参考资料

详细列举在实验中所用到的参考资料,格式如下。

作者　　　书名　　　出版社　　　年代　　　页数

作者　　　篇名　　　期刊名　　　年代

14. 鸣谢

若在实验中受到他人的帮助,应在报告中以简单语言感谢。

附录C 避免实验室常见问题的技术和方法

实验室伤害以及与工作有关的感染主要是由于人为失误、不良实验技术以及仪器使用不当造成的。本部分概要介绍了避免（或尽量减少）这类常见问题的技术和方法。

1. 移液管和移液辅助器的使用

（1）应用移液辅助器，严禁用嘴吸取。

（2）所有移液管应带有棉塞以减少移液器具的污染。

（3）不能向含有感染性物质的溶液中吹入气体。

（4）感染性物质不能使用移液管反复吹吸混合。

（5）不能将液体从移液管内用力吹出。

（6）污染的移液管应完全浸入适当的消毒液中，浸泡至规定时间后再进行处理。

（7）盛放废弃移液管的容器应当放在生物安全柜内。

（8）为了避免感染性物质从移液管中滴出而扩散，在工作台面上应放置一块吸有消毒液的纸，使用后将其按感染性废弃物处理。

2. 生物安全柜的使用

（1）生物安全柜运行正常时才能使用。

（2）生物安全柜在使用中不能打开玻璃观察挡板。

（3）生物安全柜内应尽量少放置器材或标本，不能影响后部压力排风系统的气流循环。

（4）所有工作必须在工作台面的中后部进行，并能够通过玻璃观察挡板看到。

（5）尽量减少操作者身后的人员活动。

（6）操作者不应反复移出和伸进手臂以免干扰气流。

（7）不要使实验记录本、移液管以及其他物品阻挡空气格栅,因为这将干扰气体流动,引起物品的潜在污染和操作者的暴露。

（8）工作完成后以及每天下班前,应使用70％乙醇对生物安全柜的台面进行擦拭,但切忌用其擦拭玻璃观察挡板。

（9）在生物安全柜内的工作开始前和结束后,生物安全柜的风机应至少再运行 5 min。

（10）在生物安全柜内操作时,不能进行文字工作。

3. 离心机的使用

（1）应按照操作手册来操作离心机。

（2）离心管在使用前应检查是否破损。

（3）用于离心的离心管应当始终牢固盖紧。为防液体溢出,离心管中样品装量不能超过离心管体积的 2/3!

（4）离心桶的装载、平衡、密封和打开必须在生物安全柜内进行。

（5）离心桶和十字轴应按重量配对,并在装载离心管后正确平衡。

（6）操作指南中应给出液面距离离心管管口需要留出的空间大小。

（7）空离心桶应当用蒸馏水来平衡。

（8）每次使用后,要清除离心桶、转子和离心机腔的污染。

（9）使用后应当将离心桶倒置存放以使平衡液流干。

（10）应当每天检查离心机内转子部位的腔壁是否被污染或弄脏,若污染明显,应重新评估离心操作规范。

4. 冰箱与冰柜的维护和使用

（1）冰箱、低温冰箱和干冰柜应当定期除霜和清洁,应清理出所有在储存过程中破碎的安瓿和试管等物品。清理时应戴厚橡胶手套并进行面部防护,清理后要对内表面进行消毒。

（2）储存在冰箱内的所有容器应当清楚地标明内装物品的科学名称、储存日期和储存者的姓名。未标明的或废旧物品应当高压灭菌并丢弃。

（3）应当保存一份冻存物品的清单。

（4）除非有防爆措施,否则冰箱内不能放置易燃溶液。冰箱门上应注明这一点。

附录 D 实验安全

1. 人员防护

（1）在实验室工作中，任何时候都必须穿着工作服。

（2）在进行可能直接或意外接触到血液、体液以及其他具有潜在感染性的材料或感染性动物的操作时，应戴上合适的手套。手套用完后，应先消毒再摘除，随后必须洗手。

（3）在处理完感染性实验材料和动物后，以及在离开实验室工作区域前，都必须洗手。

（4）为了防止眼睛或面部受到泼溅物、碰撞物或人工紫外线辐射的伤害，必须戴安全眼镜、面罩（面具）或其他防护设备。

（5）严禁穿着实验室工作服离开实验室，如去餐厅、咖啡厅、办公室、图书馆、员工休息室和卫生间。

（6）不得在实验室内穿露脚趾的鞋子。

（7）禁止在实验室工作区域进食、饮水、吸烟、化妆和处理隐形眼镜。

（8）禁止在实验室工作区域储存食品和饮料。

（9）在实验室内用过的工作服不得和日常服装放在同一柜子内。

2. 实验室工作区防护

（1）实验室应保持清洁整齐，严禁摆放和实验无关的物品。

（2）发生具有潜在危害性的材料溢出以及在每天工作结束之后，都必须清除工作台面的污染。

（3）所有受到污染的材料、标本和培养物在废弃或清洁再利用之前，必须清除污染。

附录 E 危机处置

意外事故现场处理方法:工作人员发生意外事故时,例如针刺损伤、感染性标本溅及体表或口鼻眼内,或污染实验室台面等均视为安全事故,应立即进行紧急医学处置(根据事故情况采用相应的处理方法)。

1.化学污染的处置方法

(1)立即用流动清水冲洗被污染部位。

(2)立即到急诊室就诊,根据造成污染的化学物质的不同性质用药。

2.针刺伤的处置方法

(1)被血液、体液污染的针头或其他锐器刺伤后,应立即用力捏住受伤部位,向离心方向挤出伤口的血液,不可来回挤压,同时用流动水冲洗伤口。

(2)用75%乙醇或安尔碘消毒伤口,并用防水敷料覆盖。

3.皮肤、黏膜、角膜被污染的处置方法

(1)皮肤若意外接触到血液、体液或其他化学物质时,应立即用肥皂和流动水冲洗。

(2)若有血液、体液意外进入眼睛或口腔,立即用大量清水或生理盐水冲洗。

参考文献

[1] 李瑶,吴超群,沈大棱.Cell Biology(细胞生物学)[M].2版.上海:复旦大学出版社,2013.

[2] J.S.博尼费斯农.精编细胞生物学实验指南[M].章静波,译.北京:科学出版社,2007.

[3] 张光谋,李延兰.医学细胞生物学实验技术[M].北京:科学出版社,2013.

[4] 杨康娟.医学细胞生物学实验指导[M].2版.北京:人民卫生出版社,2010.